Guillermo Cruz
Stalin Mena
Henry Iza

Diagnóstico de la electrónica de la caja de velocidades automática

Guillermo Cruz
Stalin Mena
Henry Iza

Diagnóstico de la electrónica de la caja de velocidades automática

Guía de detección de fallas y mantenimiento electrónico de la transmisión automática

Editorial Académica Española

Imprint
Any brand names and product names mentioned in this book are subject to trademark, brand or patent protection and are trademarks or registered trademarks of their respective holders. The use of brand names, product names, common names, trade names, product descriptions etc. even without a particular marking in this work is in no way to be construed to mean that such names may be regarded as unrestricted in respect of trademark and brand protection legislation and could thus be used by anyone.

Cover image: www.ingimage.com

Publisher:
Editorial Académica Española
is a trademark of
International Book Market Service Ltd., member of OmniScriptum Publishing Group
17 Meldrum Street, Beau Bassin 71504, Mauritius

ISBN: 978-3-659-07854-5

Copyright © Guillermo Cruz, Stalin Mena, Henry Iza
Copyright © 2015 International Book Market Service Ltd., member of OmniScriptum Publishing Group

TEMA:

"DIAGNÓSTICO DE LA ELECTRÓNICA DE LA CAJA DE VELOCIDADES AUTOMÁTICA DEL VEHÍCULO HYUNDAI TUCSON 2.0. GUÍA DEL PROCESO DE DETECCIÓN DE FALLAS Y MANTENIMIENTO"

ING. GUILLERMO MAURICIO CRUZ ARCOS
ING. JORGE STALIN MENA PALACIOS
ING. HENRY HERIBERTO IZA TOBAR

INDICE

INTRODUCCION 4
CAPÍTULO I 5
1.1 CARACTERÍSTICAS DEL VEHÍCULO TUCSON 2.0 DOHC 5
1.2 CONTROL DEL TREN DE POTENCIA (PCM) 8
1.3 EMBRAGUE DEL CONVERTIDOR DE PAR TCC 9
1.4 PINES DE LA TCM DEL VEHICULO HYUNDAI TUCSON 2.0 DOHC 10
CAPÍTULO II 12
2. PRUEBAS EN EL SISTEMA 12
2.1 SENSOR DE RANGO DE MARCHAS 12
2.2 SENSOR DE TEMPERATURA DEL FLUIDO DE LA TRANSMISIÓN 14
2.3 SENSOR DE VELOCIDAD DE ENTRADA 16
2.4 SENSOR DE VELOCIDAD DE SALIDA 18
2.5 CONECTOR DE LAS VÁLVULAS SOLENOIDES 20
CAPITULO II 23
3. GUÍAS DEL PROCESO DE DETECCIÓN DE FALLAS Y MANTENIMIENTO 23
3.1 COMPROBACIONES PREVIAS 23
3.2 MANTENIMIENTO DEL SENSOR DE TEMPERATURA DEL FLUIDO DE LA TRANSMISIÓN 23
3.2.1 COMPROBACIÓN DEL CIRCUITO DE ALIMENTACIÓN DE CORRIENTE 24
a. COMPROBACIÓN DEL CIRCUITO DE ALIMENTACIÓN DE CORRIENTE 24
b. COMPROBACIÓN DEL CIRCUITO ABIERTO DE SEÑAL DEL SENSOR 25
3.2.2 COMPROBACIÓN DE CIRCUITO DE SEÑAL 25
a. COMPROBACIÓN DE CORTOCIRCUITO DE SEÑAL DE SENSOR 25
3.2.3 INSPECCIÓN DE COMPONENTES 26
a. INSPECCIONES DE COMPONENTES 26
3.3 MANTENIMIENTO DEL SENSOR DE RANGO DE MARCHAS-BAJO 26
3.3.1 COMPROBACIÓN DEL CIRCUITO DE ALIMENTACIÓN DE CORRIENTE 28
3.3.2 COMPROBACIÓN DEL CIRCUITO DE SEÑAL 28

3.3.3 INSPECCIÓN DE COMPONENTES 29
3.4 MANTENIMIENTO DEL SENSOR DE VELOCIDAD DE ENTRADA 29
3.4.1 COMPROBACIÓN DE LA FORMA DE ONDA 30
3.4.2 COMPROBACIÓN DE CONECTORES 31
3.4.3 COMPROBACIÓN DEL CIRCUITO DE SEÑAL 31
3.4.4 COMPROBACIÓN DEL CIRCUITO DE ALIMENTACIÓN DE CORRIENTE 32
3.4.5 COMPROBACIÓN DEL CIRCUITO DE MASA 32
3.4.6 INSPECCIÓN DE COMPONENTES 33
3.4.7 COMPROBAR PCM/TCM 34
3.5 MANTENIMIENTO DEL SENSOR DE VELOCIDAD DE SALIDA 34
3.5.1 COMPROBACIÓN DE LA FORMA DE ONDA 35
3.5.2 COMPROBACIÓN DE CONECTORES 36
3.5.3 COMPROBACIÓN DEL CIRCUITO DE SEÑAL 36
3.5.4 COMPROBACIÓN DEL CIRCUITO DE ALIMENTACIÓN DE CORRIENTE 37
3.5.5 COMPROBACIÓN DEL CIRCUITO DE MASA 37
3.5.6 INSPECCIÓN DE COMPONENTES 37
a. COMPROBAR SENSOR VELOCIDAD SALIDA 37
b. COMPROBAR PCM/TCM 38
3.6 PROPORCIÓN INCORRECTA DE LA PRIMERA MARCHA 38
3.6.1 PRUEBA DE CALADO EN D1 40
a. PROCEDIMIENTO 40
b. RAZÓN PARA LA PRUEBA DE CALADO 40
c. COMPROBACIÓN DEL CIRCUITO DE SEÑAL 40
3.7. PROPORCIÓN INCORRECTA DE LA SEGUNDA MARCHA 41
3.7.1 PRUEBA DE CALADO EN D2 42
a. PROCEDIMIENTO 42
b. RAZÓN PARA LA PRUEBA DE CALADO 43
c. COMPROBACIÓN DEL CIRCUITO DE SEÑAL 43
3.8. PROPORCIÓN INCORRECTA DE LA TERCERA MARCHA 43
3.8.1 PRUEBA DE CALADO EN D3 44
a. PROCEDIMIENTO 44

b. RAZÓN PARA LA PRUEBA DE CALADO 45
c. COMPROBACIÓN DEL CIRCUITO DE SEÑAL 45
3.9 PROPORCIÓN INCORRECTA DE LA CUARTA MARCHA 45
3.9.1 COMPROBACIÓN DEL CIRCUITO DE SEÑAL 46
3.10 PROPORCIÓN INCORRECTA DE LA MARCHA ATRÁS 47
3.10.1 PRUEBA DE CALADO EN MARCHA ATRÁS 48
a. PROCEDIMIENTO 48
b. RAZÓN PARA LA PRUEBA DE CALADO 48
c. COMPROBACIÓN DEL CIRCUITO DE SEÑAL 48
BIBLIOGRAFÍA 49
NETGRAFIA 49

INTRODUCCION

Los rápidos y sustanciales avances tecnológicos en los automóviles han producido un gran impacto en la industria lo que se traduce especialmente en la necesidad de ampliar los conocimientos, como en el caso del vehículo HYUNDAI TUCSON 2.0, el cual posee una computadora que da las mejores condiciones de funcionamiento del vehículo para un mejor desenvolvimiento de la transmisión automática.

Para estos nuevos sistemas es necesario dar un diagnóstico preciso y oportuno en base a parámetros medidos en los diferentes elementos del sistema de gestión electrónica del vehículo, para lo cual es necesario tener la documentación técnica que indique todo este proceso de diagnóstico y detección de fallas.

El objetivo es determinar el proceso de operación del sistema electrónico de la caja de velocidades automática del HYUNDAI TUCSON 2.0 DOHC y desarrollar una guía para el proceso de detección de fallas y mantenimiento.

CAPÍTULO I

1.1 CARACTERÍSTICAS DEL VEHÍCULO TUCSON 2.0 DOHC

El vehículo donde se aplicará el presente trabajo dispone de las siguientes características:

Tabla 1.1 Características del Motor

MODELO	TUCSON 2.0 DOHC
Tipo	2.0 DOHC
Cilindrada (cc)	1975
Número de cilindros	4 en línea
Número de válvulas	16
Diámetro y carrera (mm)	82.0 x 93.5
Relación de compresión	10.1:1
Sistema de Inyección	Inyección Electrónica Multipunto

Tabla 1.2 Características Generales

MODELO	TUCSON 2.0 DOHC
Distancia mínima de despeje (mm)	195
Peso en orden de marcha (kg) Mínimo / Máximo	1542/1628
Peso bruto	2140
Capacidad del tanque de combustible (lts.)	58
Angulo de ataque	28.2º
Angulo de salida	31.9º
Angulo de pasaje de cuesta	19º
Mínimo radio de giro (m)	5.4

Tabla 1.3 Características del Chasis

MODELO		TUCSON 2.0 DOHC
Dirección		De potencia, cremallera y piñón
Suspensión	Delantera	McPherson Independiente con muelle, Amortiguador Hidráulico y barra estabilizadora de 21 mm

Sistema de Freno	Trasera	McPherson Independiente de tipo Multi-link con melles, Amortiguador Hidráulico y barra estabilizadora de 14 mm
	Tipo	Hidráulicos
	Del.	Discos Ventilados
	Tras.	Tambor
	ABS	No
	Freno Mano	Mecánico sobre ruedas traseras
Llantas		Aleación 6,5 J x 16
Cubiertas		235 / 60 R 16

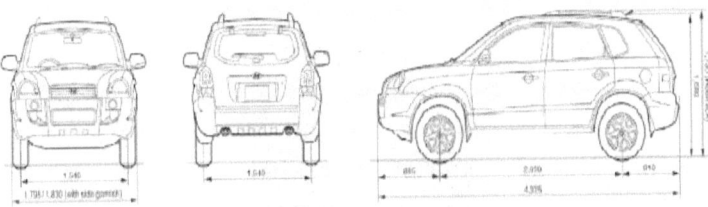

Figura 1.1 Dimensiones del HYUNDAI TUCSON 2.0 DOHC

Fuente: Ficha técnica HYUNDAI

Las transmisiones automáticas controladas electrónicamente usan dos solenoides de cambios 1-2 y 2-3, para controlar la secuencia de cambios de la transmisión. Los solenoides permiten el escape del fluido cuando están OFF o bloquean el fluido cuando están ON.

Cuando los solenoides están ON, se crea presión de fluido en un circuito de señal de fluido. El PCM opera a los solenoides de cambios en una combinación de secuencias ON y OFF para controlar la posición den las válvulas de cambio de 1-2 y de 2-3. El PCM cambia el estado ON/OFF de uno de los solenoides para cambiar automáticamente la transmisión a una relación de engranaje diferente. Como se muestra en las siguientes gráficas.

El PCS (SOLENOIDE DE CONTROL DE PRESIÓN) es controlado por el PCM para ajustar continuamente la presión de línea, y la sensación de los cambios de la transmisión en relación a las condiciones de operación del vehículo. A diferencia de los solenoides de cambio el solenoide de control de presión regula la presión del fluido y no es un solenoide ON/OFF, este tipo de solenoide se le conoce como solenoide modulado por ancho de pulso-PWM.

El PCS regula la presión de línea por medio de la señal de par. Cuando se necesita una presión alta para aplicar el embrague, el PCM disminuye la corriente que alimenta al PCS esta disminución de corriente causa que el PCS incremente la presión del fluido de la señal de par. El fluido de la señal de par es dirigido a la válvula reforzadora para incrementar la presión de línea en la válvula reguladora de presión. El incremento en la presión de línea proporciona un incremento en la fuerza de sujeción y una aplicación rápida del embrague.

1.2 CONTROL DEL TREN DE POTENCIA (PCM)

El módulo de control del tren de potencia es la computadora que funciona como el cerebro de la transmisión automática controlada electrónicamente. El PCM recibe entradas electrónicas de varios sensores en el vehículo y procesa esa información para determinar las condiciones de operación del vehículo. Dependiendo de esas condiciones de operación el PCM controla lo siguiente:

- Los cambios ascendentes y descendentes operando un par de solenoides de cambios en una secuencia ON/OFF.
- La calidad de cambios de la transmisión, controlando electrónicamente al solenoide de control de presión (PCS) el cual ajusta la presión de línea.

- El tiempo de aplicación y liberación del embrague del convertidor de par (TCC) y en algunas aplicaciones la sensación de aplicación del TCC, por medio del control del solenoide del embrague del convertidor de par.

El control electrónico de estas características de operación proporciona calidad de cambios y puntos de cambio consistentes y precisos, basado en las condiciones de operación del vehículo.

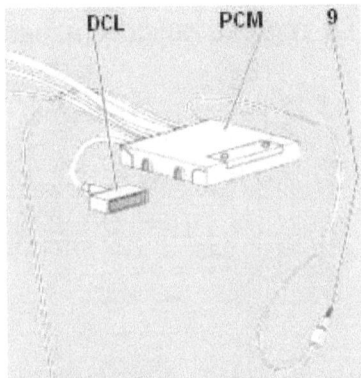

Control electrónico del tren de potencia (PCM)

El PCM está calibrado para proporcionar cambios ascendentes y descendentes a determinadas velocidades dependiendo de la posición del acelerador.

1.3 EMBRAGUE DEL CONVERTIDOR DE PAR TCC

El diseño utiliza un solenoide TCC ON/OFF que funciona de forma similar a los solenoides de cambios y simplemente controla el tiempo de aplicación y liberación del TCC. Cuando el solenoide está OFF, el fluido escapa a través del solenoide y la fuerza del resorte mantiene a la válvula

Terminal NO.	Color de los cables	Descripción de PIN

del TCC en posición de liberación del embrague. Cuando el solenoide es energizado (ON) por el PCM, el fluido es bloqueado evitando que escape. Con el fluido bloqueado, la presión se incrementa y la válvula del TCC se mueve a la posición de aplicación y el TCC es aplicado.

1.4 PINES DE LA TCM DEL VEHICULO HYUNDAI TUCSON 2.0 DOHC

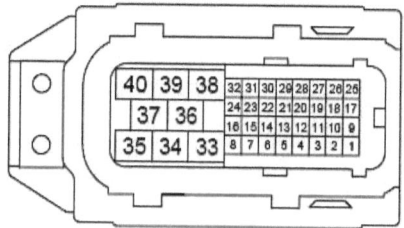

Identificación de los pines de la TCM (Módulo de Control de la Transmisión)

Tabla 1.1 Descripción del PIN TCM

TCM	1	-	-
	2	-	-
	3	-	-
	4	-	-
	5	W/B	Interruptor abajo deportivo
	6	P	Interruptor inhibidor (N)
	7	-	-
	8	-	-
	9	-	-
	10	-	-
	11	W	Crucero automático
	12	-	-
	13	R/B	Interruptor arriba deportivo
	14	Br	Interruptor inhibidor (R)
	15	-	-
	16	-	-
	17	-	-
	18	Br	Masa del sensor
	19	W/B	Interruptor de freno
	20	W	Sensor de velocidad de salida (PG/B)
	21	Y	Interruptor selector deportivo
	22	L	Interruptor inhibidor (P)
	23	-	-
	24	G/O	Señal de cambio (PWM)
	25	-	-
	26	Gr	Sensor de temperatura del aceite
	27	-	-
	28	W	Sensor de velocidad de entrada (PG/A)
	29	Y	Interruptor inhibidor
	30	-	-
	31	-	-
	32	P	Relé de control AT
	33	B	Válvula solenoide (OD)
	34	-	-
	35	R/B	Válvula solenoide (DCC)
	36	P	Alimentación eléctrica (SOL)
	37	B	Masa 1
	38	L	Válvula solenoide (LR)
	39	W	Válvula solenoide (2ª)
	40	G	VÁLVULA SOLENOIDE (UD)

CAPÍTULO II

2. PRUEBAS EN EL SISTEMA

2.1 SENSOR DE RANGO DE MARCHAS

Poner en marcha el motor si es posible sólo en estacionamiento y punto muerto. La señal de la posición de la palanca selectora se transmite a TCM para controlar la posición del cambio.

En el sensor de marchas se debe realizar las siguientes comprobaciones:

- Comprobar las conexiones eléctricas de llegada y salida al sensor.
- Comprobar los valores en los pines de llegada.

Figura 2.1 Localización del sensor de rango de marchas

Figura 2.2 Conector del sensor de rango de marchas

Tabla 2.1.a Terminales del sensor de rango de marchas

	BORNES				
PIN	1	2	3	4	5
COLOR DE CABLE	Amarillo	X	Azul	Rosado Claro	X
DESCRIPCIÓN	D	X	P	N	X
VOLTAJES	0.5 V - 4.5 V	0 V	0.5 V - 4.5 V	0.5 V - 4.5 V	0.5 V - 4.5 V

Tabla 2.1.b Terminales del sensor de rango de marchas

	BORNES				
PIN	6	7	8	9	10
COLOR DE CABLE	X	Café	Rojo	Blanco	Rosado Oscuro
SEÑAL	X	R	BAT.	Arranque	Arranque
VOLTAJES	X	0 V	X	12 V	12 V

Figura 2.3 Conexión del OTC al sensor de rango de marchas

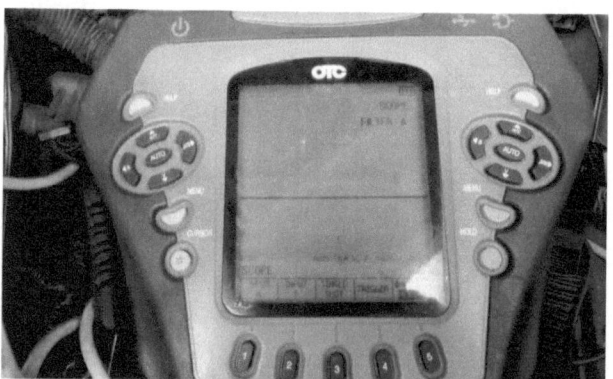

Figura 2.4 Voltaje de señal del sensor de rango de marchas

2.2 SENSOR DE TEMPERATURA DEL FLUIDO DE LA TRANSMISIÓN

En el sensor de temperatura del fluido se debe realizar las siguientes comprobaciones:

- Comprobar las conexiones eléctricas de llegada y salida al sensor.
- Comprobar los valores en los pines de llegada.

Figura 2.5 Conector del sensor de temperatura del fluido

Tabla 2.2 Terminales del sensor de temperatura del fluido

	\multicolumn{2}{c}{BORNES}	
PIN	1	2
COLOR DE CABLE	Rojo	Negro
SEÑAL	Señal	Tierra
VOLTAJES	0.5 V - 4.5 V	0 V

Tabla 2.3 Valores de resistencia del sensor de temperatura del fluido

Temperatura (°C)	Resistencia (k Ω)	Temperatura (°C)	Resistencia (k Ω)
-40	139,5	80	1,08
-20	47,7	100	0,63 ± 0,06
0	18,6 ± 1,86	120	0,38
20	8,1	140	0,25
40	3,8	160	0,16
60	1,98		

2.3 SENSOR DE VELOCIDAD DE ENTRADA

Los impulsos-señales que envía el sensor de velocidad de entrada (turbina) están acorde con las revoluciones del eje primario del cambio. El TCM determina la velocidad del eje primario contando la frecuencia de los impulsos. El valor se utiliza principalmente para controlar la presión óptima del líquido durante el cambio.

En el sensor de velocidad de entrada se debe realizar las siguientes comprobaciones:

- Comprobar las conexiones eléctricas de llegada y salida al sensor.
- Comprobar los valores en los pines de llegada.

Figura 2.6 Localización del sensor de velocidad de entrada

Figura 2.7 Conector del sensor de velocidad de entrada

Tabla 2.4 Terminales del sensor de velocidad de entrada

	BORNES		
PIN	1	2	3
COLOR DE CABLE	Plomo	Negro	Naranja
SEÑAL	Señal	Tierra	Alimentación
VOLTAJES	0.5 V - 4.5 V	0 V	12 V

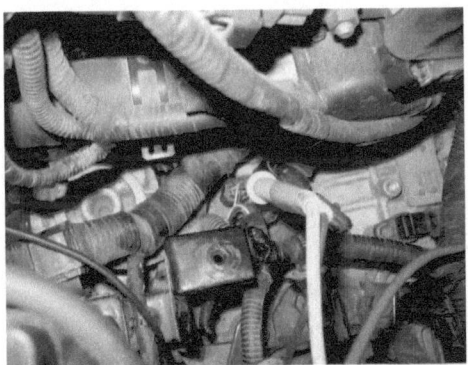

Figura 2.8 Conexión del OTC al sensor de velocidad de entrada

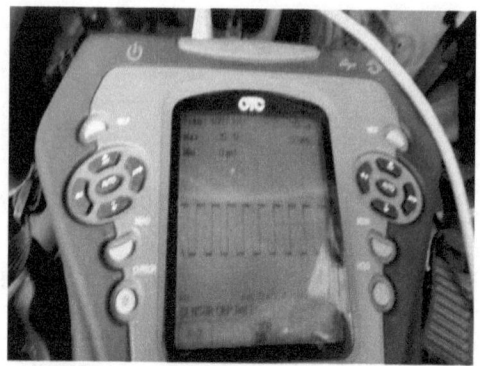

Figura 2.9 Voltaje de señal del sensor de velocidad de entrada

2.4 SENSOR DE VELOCIDAD DE SALIDA

Los impulsos-señales que envía el sensor de velocidad de salida están acorde con las revoluciones del eje primario del cambio. El sensor de velocidad de salida se coloca delante del Piñón del arrastre del transfer para determinar la velocidad del piñón de arrastre del transfer contando la frecuencia de los impulsos. Este valor, junto con los datos de posición de la mariposa, se utiliza principalmente para decidir la posición óptima del piñón.

En el sensor de velocidad de entrada se debe realizar las siguientes comprobaciones:

- Comprobar las conexiones eléctricas de llegada y salida al sensor.
- Comprobar los valores en los pines de llegada.

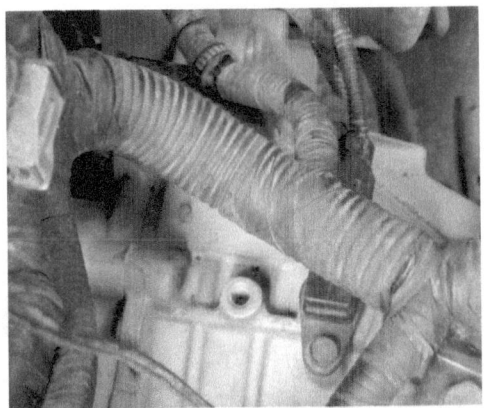

Figura 2.10 Localización del sensor de velocidad de salida

Figura 2.11 Conector del sensor de velocidad de salida

Tabla 2.5 Terminales del sensor de velocidad de salida

	BORNES		
PIN	1	2	3
COLOR DE CABLE	Plomo	Negro	Naranja
SEÑAL	Señal	Tierra	Alimentación
VOLTAJES	0.5 V - 4.5 V	0 V	12 V

Figura 2.12 Conexión del OTC al sensor de velocidad de salida

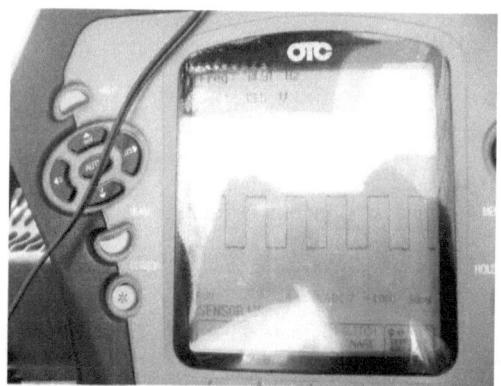

Figura 2.13 Voltaje del sensor de velocidad de salida

2.5 CONECTOR DE LAS VÁLVULAS SOLENOIDES

En el conector de las válvulas solenoides se debe realizar las siguientes comprobaciones:

- Comprobar las conexiones eléctricas de llegada y salida al sensor.
- Comprobar los valores en los pines de llegada.

Figura 2.14 Localización del conector de las válvulas solenoides

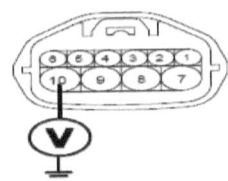

Figura 2.15 Conector de las válvulas solenoides

Tabla 2.6 Terminales del conector de válvulas solenoides

	BORNES				
PIN	1	2	3	4	5
COLOR DE CABLE	Plomo	Café	Verde	Blanco	Negro
SEÑAL	Señal	Tierra	Señal	Señal	Señal
VOLTAJES	12 V	0 V	0.5 V - 4.5 V	0.5 V - 4.5 V	0.5 V - 4.5 V
	BORNES				
PIN	6	7	8	9	10

COLOR DE CABLE	Azul	Rojo	X	Negro	Negro
SEÑAL	Señal	Tierra	X	Señal	Señal
VOLTAJES	12 V	0 V	X	12 V	12 V

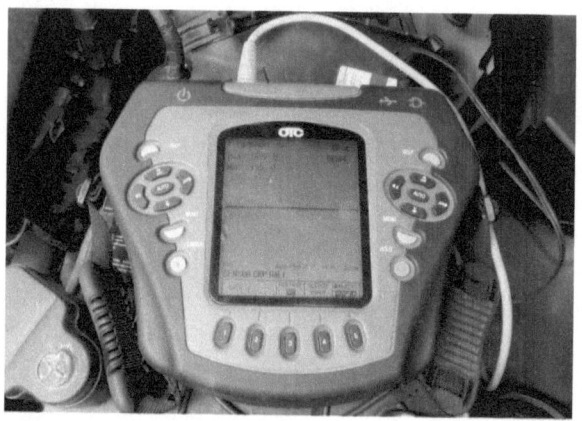

Figura 2.16 Voltaje del conector de las válvulas solenoides

CAPITULO II

3. GUÍAS DEL PROCESO DE DETECCIÓN DE FALLAS Y MANTENIMIENTO

3.1 COMPROBACIONES PREVIAS

Para realizar las pruebas previas a la revisión vehicular debemos seguir los siguientes pasos:

- Conducir el vehículo hasta que el fluido alcance la temperatura normal de trabajo [70~80 C].
- Colocar el vehículo en una superficie plana.
- Mover la palanca selectora por todas las posiciones de cambio. Llenará el convertidor de par y el sistema hidráulico con líquido y moverá la palanca selectora a la posición "N".
- Antes de soltar el indicador de nivel de aceite, limpiar todos los contaminantes alrededor del citado indicador. Entonces, retirarlo y comprobar el estado del líquido.
- Controle que el nivel de líquido esté en la marca CALIENTE en el indicador del nivel de aceite. Si el nivel es bajo, llenar con líquido hasta que el nivel alcance la marca "HOT".

3.2 MANTENIMIENTO DEL SENSOR DE TEMPERATURA DEL FLUIDO DE LA TRANSMISIÓN

Para realizar las comprobaciones en el sensor de temperatura de aceite se tomará en consideración el siguiente procedimiento:

- Retirar el conjunto de la caja de cambio automático.
- Soltar la tapa del cuerpo de válvulas.

- Desconectar el conector del sensor de temperatura del aceite.
- Medir la resistencia entre los terminales 1 y 2 del conector del sensor.

Tabla 3.1 Valores de resistencia del sensor de temperatura del fluido

Temperatura (°C)	Resistencia (k Ω)	Temperatura (°C)	Resistencia (k Ω)
-40	139,5	80	1,08
-20	47,7	100	0,63 ± 0,06
0	18,6 ± 1,86	120	0,38
20	8,1	140	0,25
40	3,8	160	0,16
60	1,98		

El diagnóstico de la prueba realizada si todos los parámetros son los correctos se limpia y se procede a montar nuevamente el sensor caso contrario se sustituye el sensor de temperatura del aceite.

3.2.1 COMPROBACIÓN DEL CIRCUITO DE ALIMENTACIÓN DE CORRIENTE

a. COMPROBACIÓN DEL CIRCUITO DE ALIMENTACIÓN DE CORRIENTE

- Colocar en la posición encendido ON, motor OFF.
- Sensor de temperatura del fluido de la transmisión desconectado.
- Medir el voltaje entre el terminal 1 del conector del sensor de temperatura del fluido de transmisión y la masa del chasis.
- Especificaciones: 4.5 V ~ 5,5 V
- Si: ir a procedimiento "Comprobación de componentes"

- No: realizar el siguiente procedimiento de comprobación.

b. COMPROBACIÓN DEL CIRCUITO ABIERTO DE SEÑAL DEL SENSOR

- Colocar en la posición encendido ON, motor OFF.
- Conector del sensor de temperatura del fluido de la transmisión y conector ECM o PCM desconectado.
- Medir la resistencia del conector
- Especificaciones: 1 Ω inferior.
- Si: realizar el siguiente procedimiento de comprobación.
- No: reparar el circuito abierto entre el terminal 1 del conector del sensor y el terminal 14 o (26) del conector ECM (o PCM)

3.2.2 COMPROBACIÓN DE CIRCUITO DE SEÑAL

a. COMPROBACIÓN DE CORTOCIRCUITO DE SEÑAL DE SENSOR

- Colocar en la posición encendido ON, motor OFF.
- Conector del sensor de temperatura del fluido de la transmisión y conector ECM o PCM desconectado.
- Medir la resistencia entre el terminal 1 del conector del mazo del sensor de temperatura del fluido de la transmisión y la masa del chasis.
- Especificaciones: Aproximadamente $\infty \Omega$.
- Si: ir al procedimiento "comprobación de componentes".
- No: reparar el circuito entre el terminal 1 del conector del sensor de temperatura del fluido de la transmisión y masa de chasis.

3.2.3 INSPECCIÓN DE COMPONENTES

a. INSPECCIONES DE COMPONENTES

- Colocar en la posición encendido ON, motor OFF.
- Medir la resistencia entre los terminales 1 y 2 del conector del mazo de cables del sensor de temperatura del fluido de la transmisión.
- Especificaciones: especificación de resistencia para la temperatura según la tabla de valores.
- Si: sensor de temperatura del fluido de la transmisión OK.
- No: reparar el circuito entre el terminal 1 del conector del sensor de Cambie el sensor de temperatura del fluido de la transmisión.

3.3 MANTENIMIENTO DEL SENSOR DE RANGO DE MARCHAS-BAJO

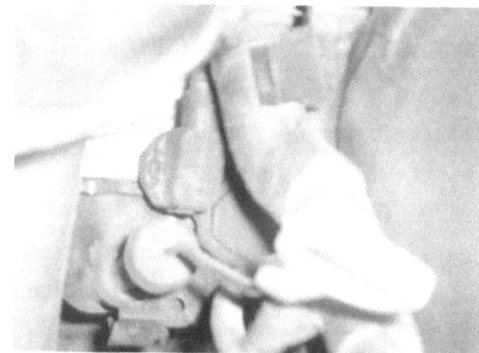

Figura 3.1 Localización del sensor de rango de marchas

Figura 3.2 Conector del sensor de rango de marchas

Tabla 3.2 Tabla de especificaciones

CONDICIÓN		REFERENCIA
LLAVE ENCENDIDO: ON o parada de motor	Palanca selectora: P	P, N
	Palanca selectora: R	R
	Palanca selectora: N	P, N
	Palanca selectora: D	D

Tabla 3.3 Tabla de Información de conexión

Palanca selectora Borne No.	P	R	N	D	Terminal
1				O	TCM (No. 17) PCM (No. 29)
2	O				TCM (No. 5) PCM (No. 22)
3			O		TCM (No. 6) PCM (No. 6)
4		O			TCM (No. 16) PCM (No. 14)
8	O		O	O	Encendido
9	O		O		Motor de arranque

10	O	O	Encendido (arranque)

3.3.1 COMPROBACIÓN DEL CIRCUITO DE ALIMENTACIÓN DE CORRIENTE

- Colocar en la posición encendido ON, motor OFF.
- Conector de la palanca selectora desconectado.
- Medir el voltaje entre el terminal 1 del conector del sensor de Medir el voltaje entre el terminal 8 del conector del mazo de cables del interruptor de la palanca selectora y la masa del chasis
- El voltaje debe estar entre el valor de 11.5 -12.5 V.
- Si: comprobar el circuito de masa
- No: comprobar el circuito abierto o cortocircuito entre la batería (+) y el terminal 2 del interruptor de la palanca selectora.

3.3.2 COMPROBACIÓN DEL CIRCUITO DE SEÑAL

- Colocar en la posición encendido ON.
- Conector TCM (o PCM) desconectado
- Comprobar la señal de voltaje, cambiando la palanca selectora.
- Medir el voltaje entre los terminales del conector del mazo de cables del interruptor de la palanca selectora y la masa del chasis.
- Especificaciones: 11,5 V ~ 12,5 V
- Si: realizar el siguiente procedimiento de comprobación.
- No: ir a procedimiento "Comprobación de componentes"
- Conector de terminal (-) de la batería desconectado.
- Conector de interruptor inhibidor desconectado.
- Medir la resistencia entre los terminales del conector del mazo de cables del interruptor de la palanca selectora y los del conector del

mazo de cables de TCM (o PCM)
- Especificaciones: aproximadamente 1 Ω inferior.
- Si: ir a procedimiento "Comprobación de componentes"
- No: reparar o sustituir el cable de señal de cada línea de señal de posición de cambio.

3.3.3 INSPECCIÓN DE COMPONENTES

- Colocar en la posición encendido OFF, motor OFF.
- Desconectar los conectores
- Comprobar los terminales con un cuadro de comprobación de continuidad de interruptor de posición del cambio.
- Medir la resistencia entre el terminal de alimentación de corriente del conector del mazo de cables del interruptor inhibidor y cada terminal de posición del cambio.
- Especificaciones: de acuerdo al esquema de conexión.
    - Si: interruptor de palanca selectora OK.
    - No: sustituir el interruptor de la palanca selectora.

3.4 MANTENIMIENTO DEL SENSOR DE VELOCIDAD DE ENTRADA

El sensor de velocidad de entrada envía la señal a la TCM para que este la transforme y determine la velocidad del eje primario. El valor captado por la computadora es utilizado para controlar la variación de la presión óptima del líquido durante el cambio de marcha.

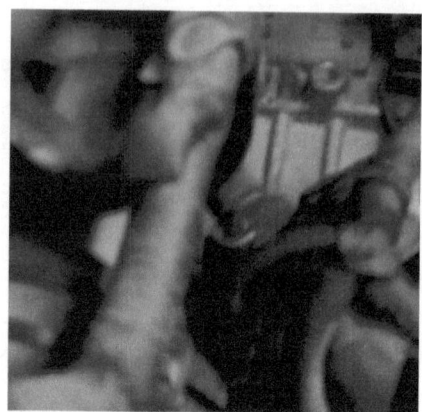

Figura 3.3 Localización del sensor de velocidad de entrada

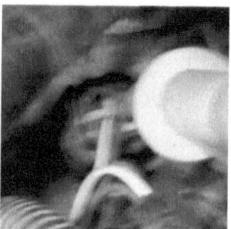

Figura 3.4 Conector del sensor de velocidad de entrada

3.4.1 COMPROBACIÓN DE LA FORMA DE ONDA

Si se detecta una forma de onda de impulsos (0,8 V ~ 2,8 V), es normal. Y no deberían producirse ruidos fuertes.

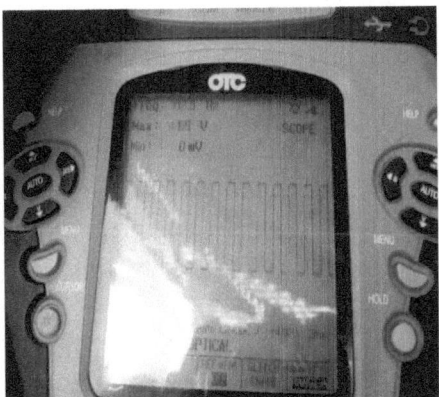

Figura 3.5 Señal del sensor de velocidad de entrada

3.4.2 COMPROBACIÓN DE CONECTORES

- Muchas averías del sistema eléctrico pueden estar causadas por unos terminales y mazos de cables defectuosos.
- Estas averías pueden ser debidas a interferencias de otros sistemas eléctricos y daños mecánicos o químicos.
- Comprobar detenidamente si los conectores están sueltos, si la conexión es correcta, si están retorcidos, corroídos, contaminados, deteriorados o dañados.
- Si: reparar según sea necesario.
- No: ir al procedimiento siguiente.

3.4.3 COMPROBACIÓN DEL CIRCUITO DE SEÑAL

- Encendido "ON", Motor "OFF".
- Desconectar el conector del sensor de velocidad de entrada.
- Medir el voltaje entre el terminal 2 del conector del mazo del sensor de velocidad de entrada y la masa del chasis.

- Especificaciones: voltaje aproximadamente de 5 V.
- Si: ir a procedimiento "Comprobación de circuito de potencia".
- No:
    - Comprobar si hay circuito abierto o cortocircuito en el mazo de cables. Reparar según sea necesario.
    - Si el circuito de señal del mazo de cables es OK, ir a "Comprobar PCM/TCM" del procedimiento "Comprobación de componentes".

3.4.4 COMPROBACIÓN DEL CIRCUITO DE ALIMENTACIÓN DE CORRIENTE

- Encendido "ON", Motor "OFF".
- Desconectar el conector del sensor de velocidad de entrada.
- Medir el voltaje entre el terminal 3 del conector del mazo del sensor de velocidad de entrada y la masa del chasis.
- Especificaciones: aproximadamente B+
- Si: ir a procedimiento "Comprobación de circuito de masa"
- No: comprobar si hay un circuito abierto en el mazo de cables. Reparar según sea necesario.

3.4.5 COMPROBACIÓN DEL CIRCUITO DE MASA

- Encendido "ON", Motor "OFF".
- Desconectar el conector del sensor de velocidad de entrada.
- Medir la resistencia entre el terminal 1 del conector del mazo del sensor de velocidad de entrada y la masa del chasis.
- Especificaciones: aproximadamente 0 Ω.
- Si: ir a procedimiento "Comprobación de componentes"
- No:
    - Comprobar si hay un circuito abierto en el mazo de cables.

Reparar según sea necesario.
- Si el circuito de masa del mazo de cables es OK, ir a "Comprobar PCM/TCM" del procedimiento "Comprobación de componentes".

3.4.6 INSPECCIÓN DE COMPONENTES

- Encendido "OFF".
- Desconectar el conector del sensor de velocidad de entrada.
- Medir la resistencia entre el terminal "1", "2" y "2", "3" y "1", "3" del conector de "SENSOR DE VELOCIDAD DE ENTRADA".
- Especificaciones: consultar los datos de referencia.
- Si: ir a comprobar PCM/TCM según se muestra a continuación.
- No: sustituir el sensor de velocidad de entrada según sea necesario.

Tabla 3.4 Datos de referencia

Datos	Datos de referencia	
Corriente	22 mA	
Holgura de aire	Sensor de entrada	1,3 mm
	Sensor de salida	0,85 mm
Resistencia	1 (rojo) – 2 (negro)	Infinito
	1 (negro) – 2 (rojo)	Aprox. 3,89 MΩ
	1 (rojo) – 3 (negro)	Aprox. 6,55 MΩ
	1 (negro) – 3 (rojo)	Aprox. 5,27 MΩ
	2 (rojo) – 3 (negro)	Aprox. 17,5 MΩ
	2 (negro) – 3 (rojo)	Infinito

3.4.7 COMPROBAR PCM/TCM

- Encendido "ON", motor "OFF"
- Comprobar PCM o TCM con OTC.

3.5 MANTENIMIENTO DEL SENSOR DE VELOCIDAD DE SALIDA

El sensor de velocidad de salida de acuerdo con las revoluciones del eje primario del cambio determina la velocidad del piñón de arrastre del transfer. Este valor junto con los datos de posición de la mariposa los capta la TCM y los utiliza principalmente para decidir la posición óptima del piñón de la caja de cambios del vehículo.

Figura 3.6 Localización del sensor de velocidad de salida

Figura 3.7 Conector del sensor de velocidad de salida

3.5.1 COMPROBACIÓN DE LA FORMA DE ONDA

Si se detecta una forma de onda de impulses (0,8 V ~ 2,8 V), es normal. Y no deberían producirse ruidos fuertes.

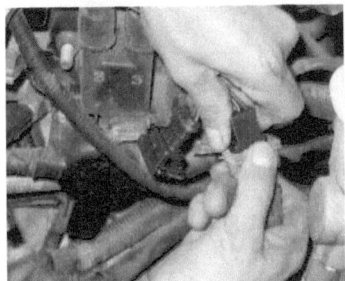

Figura 3.8 Conexión del OTC al sensor de velocidad de salida

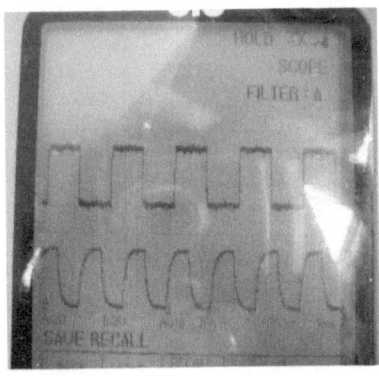

Figura 3.9 Señal del sensor de velocidad de salida

3.5.2 COMPROBACIÓN DE CONECTORES

- Muchas averías del sistema eléctrico pueden estar causadas por unos terminales y mazos de cables defectuosos. Estas averías pueden ser debidas a interferencias de otros sistemas eléctricos y daños mecánicos o químicos.
- Comprobar detenidamente si los conectores están sueltos, si la conexión es correcta, si están retorcidos, corroídos, contaminados, deteriorados o dañados.
- Si: reparar según sea necesario.
- No: ir al procedimiento siguiente.

3.5.3 COMPROBACIÓN DEL CIRCUITO DE SEÑAL

- Encendido "ON", Motor "OFF".
- Desconectar el conector del sensor de velocidad de salida.
- Medir el voltaje entre el terminal 2 del conector del mazo del sensor de velocidad de entrada y la masa del chasis,
- Especificaciones: voltaje aproximadamente de 5 V.
- Si: ir al procedimiento "Comprobación del circuito de potencia"
- No:
    - Comprobar si hay un circuito abierto o cortocircuito en el mazo de cables. Reparar según sea necesario.
    - Si el circuito de señal del mazo de cables es OK, ir a "Comprobar PCM/TCM" del procedimiento "Comprobación de componentes"

3.5.4 COMPROBACIÓN DEL CIRCUITO DE ALIMENTACIÓN DE CORRIENTE

- Encendido "ON", Motor "OFF".
- Desconectar el conector del sensor de velocidad de salida.
- Medir el voltaje entre el terminal 3 del conector del mazo del sensor de velocidad de salida y la masa del chasis.
- Especificaciones: aproximadamente B+.
- Si: ir al procedimiento "Comprobación de circuito de masa".
- No: comprobar si hay un circuito abierto en el mazo de cables. Reparar según sea necesario.

3.5.5 COMPROBACIÓN DEL CIRCUITO DE MASA

- Encendido "ON" & Motor "OFF".
- Desconectar el conector del sensor de velocidad de salida.
- Medir la resistencia entre el terminal 1 del conector del mazo del sensor de velocidad de salida y la masa del chasis.
- Si: ir a procedimiento "Comprobación de componentes"
- No:
    - Comprobar si hay un circuito abierto en el mazo de cables. Reparar según sea necesario.
    - Si el circuito de masa de cables es OK, ir a "Comprobar PCM/TCM" del procedimiento "Comprobación de componentes"

3.5.6 INSPECCIÓN DE COMPONENTES

a. COMPROBAR SENSOR VELOCIDAD SALIDA

- Encendido "OFF".
- Desconectar el conector del sensor de velocidad de salida.

- Medir la resistencia entre el terminal "1", "2" y "2", "3" y "1", "3" del conector de "SENSOR DE VELOCIDAD DE SALIDA".
- Si: Ir a comprobar PCM/TCM según se muestra a continuación.
- No: Sustituir el "SENSOR DE VELOCIDAD DE ENTRADA" según sea necesario.

b. COMPROBAR PCM/TCM

- Encendido "ON", motor "OFF".
- Conectar el conector del sensor de velocidad de salida.
- Colocar el OTC.
- Comprobar PCM/TCM.

3.6 PROPORCIÓN INCORRECTA DE LA PRIMERA MARCHA

El valor de la velocidad del eje primario deberá ser igual al valor de la velocidad del eje secundario, cuando se multiplica por la relación de la 1ª velocidad, mientras el cambio se engrana en la 1ª velocidad. Por ejemplo, si la velocidad de salida es 1000 rpm y la relación de la 1ª velocidad es 2.842, la velocidad de salida es 2.842 rpm.

Figura 3.10 Localización del sensor

Tabla 3.5 Verificaciones de la primera marcha

Componente	Estado de detección & Seguridad contra fallos	Causa posible
Estrategia del DTC	Relación incorrecta de 1ª	Sensor de velocidad de entrada averiado. Sensor de velocidad de salida averiado. Embrague UD averiado o freno LR o embrague unidireccional.
Estado de activación	Velocidad del motor 450 rpm	
	Velocidad de salida > 350 rpm	
	Posición del cambio 1ª velocidad	
	Velocidad de entrada > 0 rpm	
	Voltaje de sensor de temperatura de aceite A/T < 4,5 V	
	Voltaje de batería > 10 V	
	El interruptor de posición del cambio es normal	
Valor Umbral	Velocidad de entrada/relación de 1ª velocidad de salida > 200 rpm/ relación 1ª	
Tiempo de diagnóstico	Más de 1 segundo	

| Seguridad contra fallos | Bloqueado en 3ª (Si se graba el DTC, el cambio se bloquea en 3ª) | |

3.6.1 PRUEBA DE CALADO EN D1

a. PROCEDIMIENTO

- Calentar el motor.
- Tras colocar la palanca selectora en "D", pisar el pedal de freno y pisar el pedal del acelerador al máximo
- Se puede detectar el resbalamiento de las piezas de la 1ª velocidad con la prueba de calado en D.

b. RAZÓN PARA LA PRUEBA DE CALADO

- Si no hay fallos mecánicos en la A/T, se produce resbalamiento en el convertidor de par.
- Por lo tanto, se produce el giro del motor, pero las revoluciones de la velocidad de entrada y salida debe ser "cero" debido al bloqueo de la rueda.
- Si la parte operativa de la 1ª velocidad tiene fallos, no se producirán las revoluciones de la velocidad de entrada.
- Si se producen las revoluciones de la velocidad de salida. Significa que la fuerza del freno de pie no se aplica completamente. Es necesario medir de nuevo.

c. COMPROBACIÓN DEL CIRCUITO DE SEÑAL

- Conectar el OTC
- Motor "ON".
- Monitorizar la forma de onda de señal del "SENSOR DE

VELOCIDAD DE ENTRADA & SALIDA" tras cambiar a la posición D1.

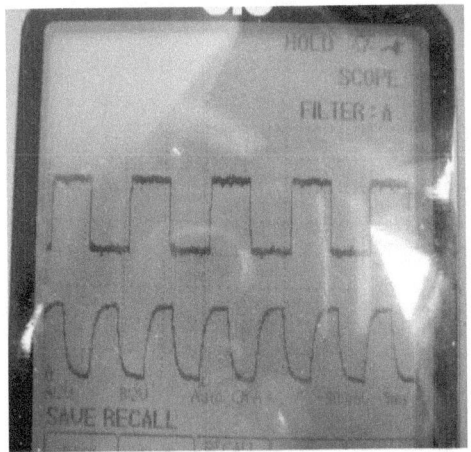

Figura 3.11 Señal del sensor en primera marcha

3.7. PROPORCIÓN INCORRECTA DE LA SEGUNDA MARCHA

El valor de la velocidad del eje primario deberá ser igual al valor de la velocidad del eje secundario, cuando se multiplica por la relación de la 2ª velocidad, mientras el cambio se engrana en la 2º velocidad. Por ejemplo, si la velocidad de salida es 1000 rpm y la relación de la 2ª velocidad es 1.529, la velocidad de salida es 1,529 rpm.

Tabla 3.6 Verificaciones de la segunda marcha

Componente	Estado de detección & Seguridad contra fallos	Causa posible
Estrategia del DTC	Relación incorrecta de 2ª	Sensor de velocidad de entrada averiado. Sensor de velocidad de salida averiado. Embrague UD averiado o freno de 2ª averiado.
Estado de activación	Velocidad del motor 450 rpm	
	Velocidad de salida > 350 rpm	
	Posición del cambio 1ª velocidad	
	Velocidad de entrada > 0 rpm	
	Voltaje de sensor de temperatura de aceite A/T < 4,5 V	
	Voltaje de batería > 10 V	
	El interruptor de posición del cambio es normal	
Valor Umbral	Velocidad de entrada/relación de 2ª velocidad de salida > 200 rpm/ relación 2ª	
Tiempo de diagnóstico	Más de 1 segundo	
Seguridad contra fallos	Bloqueado en 3ª (Si se graba el DTC, el cambio se bloquea en 3ª)	

3.7.1 PRUEBA DE CALADO EN D2

a. PROCEDIMIENTO

- Caliente el motor.
- Tras poner la palanca selectora en "D" o "ON" del INT HOLD (Cambiar a velocidad superior en el caso de "MODO DEPORTIVO"), pisa el pedal de freno hasta el fondo
- Se puede detectar el resbalamiento de las piezas de la 2ª velocidad

con la prueba de calado en D2.

b. RAZÓN PARA LA PRUEBA DE CALADO

- Si no hay fallos mecánicos en la A/T, se produce resbalamiento en el convertidor de par.
- Por lo tanto, se produce el giro del motor, pero las revoluciones de la velocidad de entrada y salida debe ser "cero" debido al bloqueo de la rueda.
- Si la parte operativa del freno de 2ª (parte operativa del piñón de 2ª) tiene fallos, no se producirán las revoluciones de la velocidad de entrada.
- Si se producen las revoluciones de la velocidad de salida. Significa que la fuerza del freno de pie no se aplica completamente. Es necesario medir de nuevo.

c. COMPROBACIÓN DEL CIRCUITO DE SEÑAL

- Conectar el OTC
- Motor "ON".
- Monitorizar la forma de onda de señal del "SENSOR DE VELOCIDAD DE ENTRADA & SALIDA" tras cambiar a la posición D2

3.8. PROPORCIÓN INCORRECTA DE LA TERCERA MARCHA

El valor de la velocidad del eje primario deberá ser igual al valor de la velocidad del eje secundario, cuando se multiplica por la relación de la 3ª velocidad, mientras el cambio se engrana en la 3ª velocidad. Por ejemplo, si la velocidad de salida es 1.000 rpm y la relación de la 3ª velocidad es 1.000, la velocidad de salida es 1.000 rpm.

Tabla 3.7 Verificaciones de la tercera marcha

Componente	Estado de detección & Seguridad contra fallos	Causa posible
Estrategia del DTC	Relación incorrecta de 3ª	Sensor de velocidad de entrada averiado. Sensor de velocidad de salida averiado. Embrague UD averiado o freno OD averiado.
Estado de activación	Velocidad del motor 450 rpm Velocidad de salida > 900 rpm Posición del cambio 3ª velocidad Velocidad de entrada > 0 rpm Voltaje de sensor de temperatura de aceite A/T < 4,5 V Voltaje de batería > 10 V El interruptor de posición del cambio es normal	
Valor Umbral	Velocidad de entrada/relación de 3ª velocidad de salida > 200 rpm/ relación 3ª	
Tiempo de diagnóstico	Más de 1 segundo	
Seguridad contra fallos	Bloqueado en 3ª (Si se graba el DTC, el cambio se bloquea en 3ª)	

3.8.1 PRUEBA DE CALADO EN D3

a. PROCEDIMIENTO
- Caliente el motor.
- Tras mantener la 3ª desconectando el conector del solenoide, y pisar el pedal de freno hasta el fondo y entonces pisar el pedal del acelerador al máximo
- Se puede detectar el resbalamiento de las piezas de la 3ª velocidad con la prueba de calado en D3.

b. RAZÓN PARA LA PRUEBA DE CALADO

- Si no hay fallos mecánicos en la A/T, se produce resbalamiento en el convertidor de par.
- Por lo tanto, se produce el giro del motor, pero las revoluciones de la velocidad de entrada y salida debe ser "cero" debido al bloqueo de la rueda.
- Si la parte operativa del embrague de OD (parte operativa del piñón de 3ª) tiene fallos, no se producirán las revoluciones de la velocidad de entrada.
- Si se producen las revoluciones de la velocidad de salida. Significa que la fuerza del freno de pie no se aplica completamente. Es necesario medir de nuevo.

c. COMPROBACIÓN DEL CIRCUITO DE SEÑAL

- Conectar el OTC
- Motor "ON".
- Monitorizar la forma de onda de señal del "SENSOR DE VELOCIDAD DE ENTRADA & SALIDA" tras cambiar a la posición D3.

3.9 PROPORCIÓN INCORRECTA DE LA CUARTA MARCHA

El valor de la velocidad del eje primario deberá ser igual al valor de la velocidad del eje secundario, cuando se multiplica por la relación de la 4ª velocidad, mientras el cambio se engrana en la 4º velocidad. Por ejemplo, si la velocidad de salida es 1.000 rpm y la relación de la 4ª velocidad es 0,712, la velocidad de salida es 712 rpm.

Tabla 3.8 Verificaciones de la cuarta marcha

Componente	Estado de detección & Seguridad contra fallos	Causa posible
Estrategia del DTC	Relación incorrecta de 4ª	Sensor de velocidad de entrada averiado. Sensor de velocidad de salida averiado. Embrague UD averiado o freno 2ª averiado.
Estado de activación	Velocidad del motor 450 rpm Velocidad de salida > 900 rpm Posición del cambio 3ª velocidad Velocidad de entrada > 0 rpm Voltaje de sensor de temperatura de aceite A/T < 4,5 V Voltaje de batería > 10 V El interruptor de posición del cambio es normal	
Valor Umbral	Velocidad de entrada/relación de 4ª velocidad de salida > 200 rpm/ relación 4ª	
Tiempo de diagnóstico	Más de 1 segundo	
Seguridad contra fallos	Bloqueado en 3ª (Si se graba el DTC, el cambio se bloquea en 3ª)	

3.9.1 COMPROBACIÓN DEL CIRCUITO DE SEÑAL

- Conectar el OTC
- Motor "ON".
- Monitorizar la forma de onda de señal del "SENSOR DE VELOCIDAD DE ENTRADA & SALIDA" tras cambiar a la posición D4.

3.10 PROPORCIÓN INCORRECTA DE LA MARCHA ATRÁS

El valor de la velocidad del eje primario deberá ser igual al valor de la velocidad del eje secundario, cuando se multiplica por la relación de la marcha atrás, mientras el cambio se engrana en la marcha atrás.

Tabla 3.9 Verificaciones de la cuarta marcha

Componente	Estado de detección & Seguridad contra fallos	Causa posible
Estrategia del DTC	Relación incorrecta dé marcha atrás	Sensor de velocidad de entrada averiado. Sensor de velocidad de salida averiado. Embrague RVS o freno L/R averiado.
Estado de activación	Velocidad del motor 450 rpm Velocidad de salida > 900 rpm Posición del cambio 3ª velocidad Velocidad de entrada > 0 rpm Voltaje de sensor de temperatura de aceite A/T < 4,5 V Voltaje de batería > 10 V El interruptor de posición del cambio es normal	
Valor Umbral	Velocidad de entrada/relación de marcha atrás - velocidad de salida > 200 rpm/ relación de marcha atrás	
Tiempo de diagnóstico	Más de 1 segundo	
Seguridad contra fallos	Bloqueado en 3ª (Si se graba el DTC, el cambio se bloquea en 3ª)	

3.10.1 PRUEBA DE CALADO EN MARCHA ATRÁS

a. PROCEDIMIENTO

- Caliente el motor.
- Tras colocar la palanca selectora en "R", pisar el pedal de freno y pisar el pedal del acelerador al máximo
- El resbalamiento del embrague dé MARCHA ATRÁS y el freno L/R se puede detectar con la prueba de calado en la posición R.

b. RAZÓN PARA LA PRUEBA DE CALADO

- Si no hay fallos mecánicos en la A/T, se produce resbalamiento en el convertidor de par.
- Por lo tanto, se produce el giro del motor, pero las revoluciones de la velocidad de entrada y salida debe ser "cero" debido al bloqueo de la rueda.
- Si el embrague dé MARCHA ATRÁS y el sistema de freno L/R (piezas operativas del piñón dé marcha atrás) se emitirán las revoluciones de la velocidad de entrada.
- Si se producen las revoluciones de la velocidad de salida. Significa que la fuerza del freno de pie no se aplica completamente. Es necesario medir de nuevo.

c. COMPROBACIÓN DEL CIRCUITO DE SEÑAL

- Conectar el OTC
- Motor "ON".
- Monitorizar la forma de onda de señal del "SENSOR DE VELOCIDAD DE ENTRADA & SALIDA" tras cambiar a la posición R.

BIBLIOGRAFÍA

- BOSCH. (1999). Manual de la técnica automotriz. España. Ediciones Reverté.
- DE CASTRO, M. (2005). CEAC "Manual del automóvil". España. Ediciones Esparta.
- HYUNDAI TUCSON 2.0.(2006)."TRANSMISIÓN AUTOMÁTICA", Korea.
- BREJCHA, M. Cajas de Cambio Automáticas Madrid, Paraninfo, 2000. 758p
- CROUSE, W. Transmisión y Caja de Cambios. Barcelona, Marcombo, 1982

NETGRAFIA

- http://www.mecanicavirtual.org/transmisión_automatica.htm
- http://gruposargentina.emagister.com/documento/transmisiones/1068-616789
- http://gruposargentina.emagister.com/documento/sistemas_transmisiones/1802-532509

I want morebooks!

Buy your books fast and straightforward online - at one of world's fastest growing online book stores! Environmentally sound due to Print-on-Demand technologies.

Buy your books online at
www.morebooks.shop

¡Compre sus libros rápido y directo en internet, en una de las librerías en línea con mayor crecimiento en el mundo! Producción que protege el medio ambiente a través de las tecnologías de impresión bajo demanda.

Compre sus libros online en
www.morebooks.shop

KS OmniScriptum Publishing
Brivibas gatve 197
LV-1039 Riga, Latvia
Telefax: +371 686 204 55

info@omniscriptum.com
www.omniscriptum.com

www.ingramcontent.com/pod-product-compliance
Lightning Source LLC
Chambersburg PA
CBHW031550210526
45464CB00003B/1241